建筑业一线操作工技能培训系列用书

图 说 钢 筋 工

主　编　侯国华
副主编　段培杰　杨宝春

中国建筑工业出版社

图书在版编目（CIP）数据

图说钢筋工/侯国华主编．—北京：中国建筑工业出版社，2009

（建筑业一线操作工技能培训系列用书）

ISBN 978-7-112-11164-0

Ⅰ.图… Ⅱ.侯… Ⅲ.建筑工程-钢筋-工程施工-图解 Ⅳ.TU755.3-64

中国版本图书馆CIP数据核字（2009）第125849号

建筑业一线操作工技能培训系列用书

图 说 钢 筋 工

主　编　侯国华
副主编　段培杰　杨宝春

*

中国建筑工业出版社出版、发行（北京西郊百万庄）
各地新华书店、建筑书店经销
北京红光制版公司制版
北京密东印刷有限公司印刷

*

开本：787×1092毫米　1/32　印张：3⅜　字数：100千字
2009年9月第一版　2012年5月第二次印刷
定价：**12.00**元
ISBN 978-7-112-11164-0
（18409）

版权所有　翻印必究
如有印装质量问题，可寄本社退换
（邮政编码 100037）

本书按照易读、乐读、实用、精炼的原则，以图文并茂的形式阐述了建筑工程施工图的基本知识、钢筋常识和钢筋施工常用机具、钢筋配料、钢筋加工、钢筋连接、常用构件钢筋的绑扎与安装、钢筋工程检查与整理等知识。

本书主要供刚进入和将要进入建设行业的一线建筑操作工人使用，也可作为中高职院校技能培训用书。

* * *

责任编辑：王　磊　田启铭　马　红
责任设计：赵明霞
责任校对：张　虹　梁珊珊

【总　序】

近年来，党中央、国务院对解决"三农问题"和建设社会主义新农村、构建社会主义和谐社会做出了一系列重要决策和部署。到目前为止，全国大约有两亿农民工外出打工。农民工问题正越来越突出，将是解决"三农"问题的核心。党和政府在中西部欠发达地区全面开展农村劳动力转移就业培训工作。建筑业农民工总数超过3000万人，是解决农村富余劳动力就业的主要行业之一。提高建筑业农民工整体素质，对于保障工程质量和安全生产，促进农民增收，推动城乡统筹协调发展具有重要意义。

为了帮助刚进入和将要进入建设行业的农民工朋友尽快掌握建设行业各工种的基本知识和操作技能，丛书编委会编撰了一套建筑行业部分工种的系列用书。考虑到读者的接受能力，本套丛书按照易读、乐读、实用、精炼的原则，以施工现场实物图片等生动直观的表现形式为主，结合简练的文字说明，力求达到直观明了、通俗易懂的效果。

希望本套系列用书能成为农民工朋友的良师益友，为提高建筑业农民工整体素质和建筑工程质量贡献一份力量。

【前　言】

目前，农村富余劳动力、返乡农民工、退役士兵、进城务工以及再就业人员，已经形成了一个数量庞大的群体，其中相当一部分将通过正在实施的"阳光工程"及"温暖工程"等培训项目，进入和将要进入建设行业。为了使这部分群体尽快掌握建设行业各工种的基本知识和操作技能，我们充分考虑读者的接受能力，按照易读、乐读、实用、精炼的原则，以施工现场实物图片等生动直观的表现形式为主，编撰了一套建筑行业部分工种的系列丛书，《图说钢筋工》是其中的一本。本书也可作为中高职院校技能培训用书。

本书由石家庄市城乡建设学校侯国华主编，共分7章，其中第1章、第2章由石家庄市城乡建设学校侯国华编写，第3章、第4章、第7章由石家庄市城乡建设学校杨宝春编写，第5章、第6章由石家庄市城乡建设学校段培杰编写。本书以图文对照的形式阐述了建筑工程施工图的基本知识、钢筋常识和钢筋施工常用机具、钢筋配料、钢筋加工、钢筋连接、常用构件钢筋的绑扎与安装、钢筋工程检查与整理等知识。

本书编写过程中，得到了石家庄恒业监理有限责任公司马建英总监的指导，同时也得到中国建筑工业出版社和石家庄市城乡建设学校领导的支持，在此一并表示感谢。

限于时间和作者水平，书中不足之处在所难免，衷心欢迎广大读者批评指正。

目 录

总序
前言

第1章 钢筋混凝土构件配筋图的识读 ………… 1
1.1 配筋图识读的基本知识 ………… 1
1.2 梁平法配筋图识读 ………… 2
1.3 板配筋图识读 ………… 5
1.4 柱配筋图的识读 ………… 6

第2章 钢筋常识和钢筋施工常用工具 ………… 7
2.1 钢筋的技术性质 ………… 7
2.2 钢筋的化学成分及其对钢筋性能的影响 ………… 9
2.3 钢筋的分类 ………… 11
2.4 钢筋的验收与保管 ………… 19
2.5 钢筋施工常用机具 ………… 20

第3章 钢筋配料 ………… 25
3.1 钢筋下料长度计算 ………… 25
3.2 钢筋重量计算 ………… 27
3.3 钢筋代换计算 ………… 28
3.4 钢筋配料单 ………… 31

第4章 钢筋加工 ………… 33
4.1 钢筋除锈与调整 ………… 33
4.2 钢筋的冷加工 ………… 42

第5章 钢筋连接 ········· 44
5.1 钢筋在构件中的配置 ········· 44
5.2 钢筋的弯钩 ········· 47
5.3 钢筋的绑扎 ········· 48
5.4 钢筋的焊接 ········· 53
5.5 钢筋机械连接 ········· 61

第6章 常用构件钢筋的绑扎与安装 ········· 68
6.1 钢筋绑扎的准备工作与一般要求 ········· 68
6.2 钢筋混凝土构件的钢筋绑扎 ········· 73
6.3 钢筋加工与安装的质量要求与安全生产技术要求 ······ 90

第7章 钢筋工程检查与管理 ········· 94
7.1 质量验收 ········· 94
7.2 现场管理 ········· 95
7.3 文明施工与环境保护常识 ········· 96

参考书目 ········· 98

第1章 钢筋混凝土构件配筋图的识读

1.1 配筋图识读的基本知识

1. 钢筋混凝土构件配筋图的图示特点（图1-1）

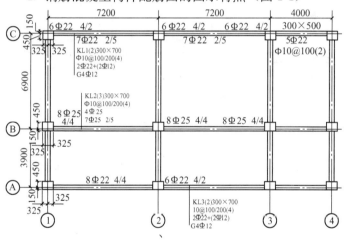

图1-1 梁平法表示图

该图的重点是钢筋混凝土构件中的钢筋配置情况，而不是构件的形状。假想混凝土为透明体，用细实线表示构件的外形轮廓，用粗实线或黑圆点画钢筋，并标注出钢筋种类的代号、直径大小、根数、间距等。在断面图上不画混凝土或钢筋混凝土的材料图例，而被剖切到的或可见的砖砌体的轮廓线是用中实线表示的，砖与钢筋混凝土构件的交接处的分界线，是按钢筋混凝土构件的轮廓线画细实线，但在砖砌体的断面上仍然画出砖的材料图例。这种主要表示构件内部钢筋配置的图样，叫配筋图。

图示的重点是钢筋及其配置，而不是构件的形状，为此，构件的可见轮廓线等以细实线绘制。

2. 一般钢筋的表示方法（表1-1）

一般钢筋的表示方法　　　　　　表1-1

名　称	图　例	名　称	图　例	名　称	图　例
HPB235钢筋	Φ	HRB335钢筋	Φ	HRB400钢筋	Φ
HRB500钢筋	Φ	带直钩的钢筋端部	∟	半圆形弯钩的钢筋搭接	⌒
无弯钩的钢筋端部	⌒○	带丝扣钢筋端部	∥	半直钩的钢筋端部	⊔
半圆形弯钩的钢筋端部	⌒	无弯钩的钢筋搭接	⋀	套管接头	⊟

3. 配筋图中钢筋的标注

在图样中一般采用引出线的方法，具体有以下两种标注方法：

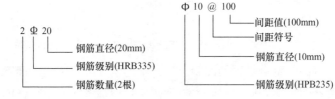

1.2　梁平法配筋图识读（图1-2）

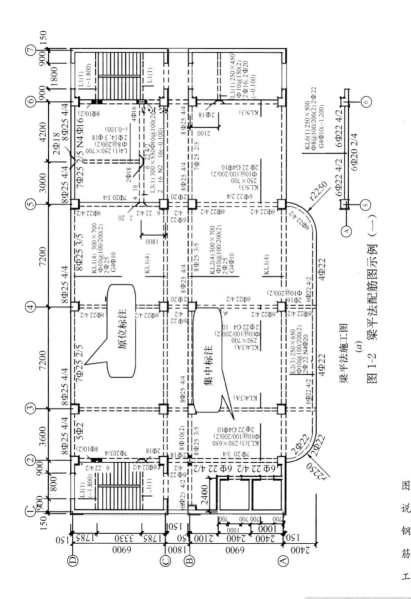

图 1-2 梁平法配筋图示例（一）
(a) 梁平法施工图

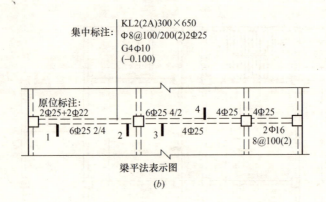

(b)

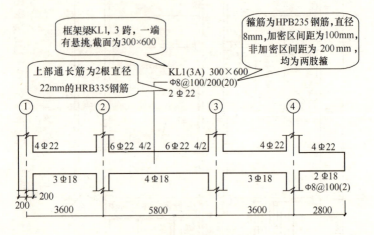

梁平法表示图

C25混凝土，3级抗震

(c)

图1-2 梁平法配筋图示例（二）

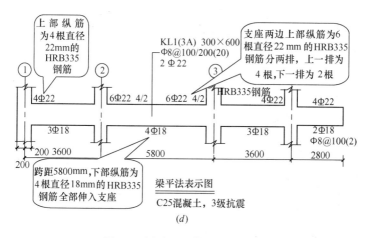

图 1-2 梁平法配筋图示例(三)

1.3 板配筋图识读(图 1-3)

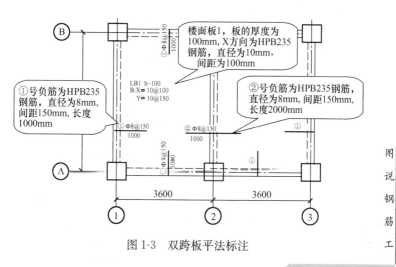

图 1-3 双跨板平法标注

1.4 柱配筋图的识读（图1-4）

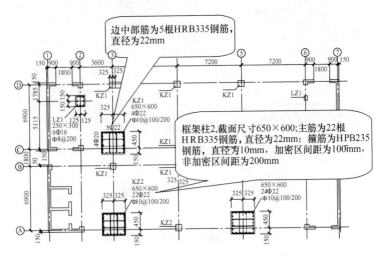

图1-4 柱平法施工图

第 2 章 钢筋常识和钢筋施工常用工具

2.1 钢筋的技术性质

钢筋的技术性质主要包括力学性能和工艺性能两个方面。力学性能主要包括抗拉性能、冲击韧性、耐疲劳和硬度等，工艺性能主要包括冷弯和焊接，是检验钢筋的重要依据。

1. 抗拉性能

抗拉性能是钢筋最重要的技术性质，是指其抵抗拉力作用所表现出来的一系列变化，钢筋的抗拉性能，可用其受拉时的应力—应变图来阐明（图 2-1），图中钢筋的变化明显地分为以下四个阶段：弹性阶段（ob）、屈服阶段（bc）、强化阶段（ce）、颈缩阶段（ef）。

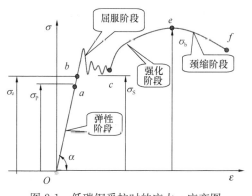

图 2-1　低碳钢受拉时的应力—应变图

受拉钢筋会出现颈缩现象如图2-2所示。

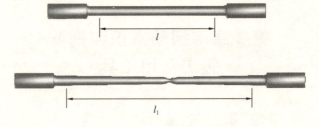

图2-2 钢筋颈缩现象示意图

钢筋试件拉断前后如图2-3所示。

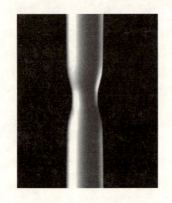 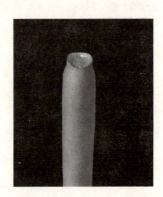

图2-3 拉断前后的试件

伸长率是衡量钢材塑性的重要技术指标，伸长率愈大，表明钢材的塑性越好。

2. 冷弯性能

冷弯是检验钢筋原材料质量和钢筋焊接接头质量的重要项目之一，它能够揭示钢材内部组织是否均匀，是否存在夹渣、气孔、裂纹等缺陷，对于钢筋焊接质量的检验尤为重要。

冷弯性能是指钢材在常温下承受弯曲变形的能力，钢材的冷弯性能是以试验时的弯曲角度（α）和弯心直径（d）为指标表示，钢材冷弯试验是通过直径（或厚度）为 a 的试件，采用标准规定的弯心直径 d（$d=na$），弯曲到规定的角度（180°或 90°）时，检查弯曲处有无裂纹、断裂及起层等现象，若无则认为冷弯性能合格。钢材冷弯时的弯曲角度愈大，弯心直径愈小，则表示其冷弯性能愈好。

3. 冲击韧性

冲击韧性是指钢材抵抗冲击荷载的能力。钢材抵抗的冲击荷载越大表示钢材抗冲击的能力越强。

钢材经冷加工和时效后，冲击韧性会降低。钢材的时效是指随时间延长，强度逐渐提高而塑性、韧性降低的现象。另外，钢材的冲击韧性随温度的降低而下降，即钢材的冷脆性（指温度降至一定范围，其冲击韧性骤然下降很多并呈现脆性）。

2.2 钢筋的化学成分及其对钢筋性能的影响

钢筋中除了主要化学成分铁(Fe)以外，还含有少量的碳(C)、硅(Si)、锰(Mn)、磷(P)、硫(S)、氧(O)、氮(N)、钛(Ti)等元素，这些元素含量很少，但对钢筋性能影响很大。

1. 碳

碳是决定钢筋性能的最重要元素，它对钢材力学性能的影响很大。试验表明：当钢中含碳量在 0.8% 以下时，随含碳量增加，钢的强度和硬度提高，塑性和韧性下降；对于含碳量大于 0.3% 的钢，其焊接性能会显著下降。一般工程用碳素钢为低碳钢，即含碳量小于 0.25%，工程用低合金钢含碳量小于 0.52%。

2. 硅

硅在钢中是有益元素，炼钢时起脱氧作用。硅是我国合金钢的主加合金元素，它的作用主要是提高钢的机械强度。通常碳素钢中硅含量小于0.3%，低合金钢含硅小于1.8%。

3. 锰

锰在钢中是有益元素，炼钢时可起到脱氧去硫作用，可消减硫所引起的热脆性，使钢材的热加工性质改善，同时能提高钢材的强度和硬度。当含锰小于1.0%时，对钢的塑性和韧性影响不大。

锰是我国低合金结构钢的主加合金元素，其含量一般在1%~2%范围内，它的作用主要是改善钢内部结构，提高强度。当含锰量达11%~14%时，称为高锰钢，具有较高的耐磨性。

4. 磷

磷是钢中很有害的元素之一。磷含量增加，钢材的强度、硬度提高，塑性和韧性显著下降。特别是温度愈低，对塑性和韧性的影响愈大，从而显著加大钢材的冷脆性。磷也使钢材可焊性显著降低。但磷可提高钢的耐磨性和耐蚀性，故在低合金钢中可配合其他元素如铜（Cu）作合金元素使用。建筑用钢一般要求含磷小于0.045%。

5. 硫

硫也是很有害的元素，能够降低钢材的各种机械性能。硫使钢的可焊性、冲击韧性、耐疲劳性和抗腐蚀性等均降低。建筑钢材要求硫含量应小于0.045%。

6. 氧

氧是钢中有害元素，能降低钢的机械性能，特别是韧性。氧有促进时效倾向的作用。氧化物所造成的低熔点亦使钢的可焊性变差。通常要求钢中含氧小于0.03%。

7. 氮

氮对钢材性质的影响与碳、磷相似，使钢材强度提高，塑性特别是韧性显著下降。可加剧钢材的时效敏感性和冷脆性，降低可焊性。钢中氮的含量一般小于 0.008%。

8. 钛

钛是强脱氧剂，能显著提高强度，改善韧性，但稍降低塑性。钛能减少时效倾向，改善可焊性。

9. 钒

钒是弱脱氧剂，钒加入钢中可减弱碳和氮的不利影响，能有效地提高强度，减小时效敏感性，但有增加焊接时的淬硬倾向。

钢筋出现下列情况之一时，必须作化学成分检验：

（1）无出厂证明书或钢种钢号不明确时。

（2）有焊接要求的进口钢筋。

（3）在加工过程中，发生脆断、焊接性能不良和机械性能显著不正常的。

2.3 钢筋的分类

钢筋广泛应用于建筑工程中，其名称种类很多，通常有以下几种分类方法：

2.3.1 按钢筋的化学成分分类

钢筋按照其化学成分可分为低碳素钢钢筋和普通低合金钢钢筋。

1. 低碳素钢钢筋：工程中的常用钢筋，由碳素钢轧制而成，含碳量小于 0.25%。如：建筑工程上用的 3 号钢光面钢筋，5号钢螺纹钢筋都是由碳素钢轧制而成的。

2. 普通低合金钢筋

普通低合金钢筋是采用低合金钢轧制而成的，也是建筑工程中的常用钢种，如 45Si2Mn，它表示是平均含碳量为 0.45%、平均含硅量为 1.5%～2.5%、平均含锰量于小 1.5%的低合金钢筋。

2.3.2 按钢筋在构件中的作用分类（图 2-4）

1. 受力钢筋：是构件中主要的受力钢筋，指在外部荷载作用下，通过计算得出的构件所需配置的钢筋，包括受拉钢筋、受压钢筋、弯起钢筋等。
2. 构造钢筋：因构件的构造要求和施工安装需要配置的钢筋，架立筋、分布筋、箍筋等都属于构造钢筋。

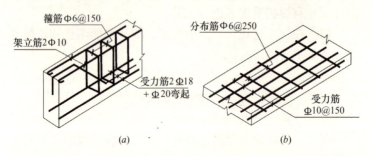

图 2-4 钢筋在构件中的分布
（a）梁内配筋；（b）板内配筋

2.3.3 按钢筋外形分类（图 2-5）

1. 光圆钢筋：HPB235 钢筋均轧制为光面圆形截面。
2. 带肋钢筋：又分为月牙肋钢筋和等高肋钢筋等。
3. 钢丝。

4. 钢绞线。

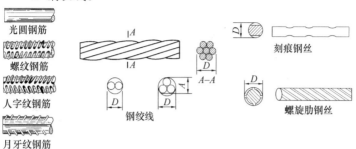

图 2-5 按钢筋外形分类

2.3.4 按生产工艺分类

1. 热轧钢筋

钢筋混凝土用热轧钢筋根据其表面特征又分为光圆钢筋和带肋钢筋（图 2-6）。

钢筋混凝土用热轧光圆钢筋（即 HPB235 钢筋）由低碳钢轧制而成，屈服点为 235MPa，抗拉强度为 370MPa，

图 2-6 热轧钢筋

其强度等级代号为 R235,塑性及焊接性好,便于各种冷加工,广泛用作钢筋混凝土构件的受力筋和构造筋。

钢筋混凝土热轧带肋钢筋,其牌号分为 HRB335、HRB400、HRB500 三种,其中 H 表示热轧、R 表示带肋、B 表示钢筋。其力学性能见表 2-1,其化学成分见表 2-2。

热轧带肋钢筋力学性能表　　　表 2-1

牌 号	公称直径（mm）	屈服强度 σ_s（或 $\sigma_{p0.2}$）（MPa）	抗拉强度 σ_b（MPa）	伸长率 δ_5（%）
		不 小 于		
HRB335	6～25 28～50	335	490	16
HRB400	6～25 28～50	400	570	14
HRB500	6～25 28～50	500	630	12

热轧带肋钢筋的化学成分　　　表 2-2

牌 号	化 学 成 分 （%）					
	C	Si	Mn	P	S	C_{eq}
HRB335	0.25	0.80	1.60	0.045	0.045	0.52
HRB400	0.25	0.80	1.60	0.045	0.045	0.54
HRB500	0.25	0.80	1.60	0.045	0.045	0.55

热轧带肋钢筋强度高,广泛应用于大、中型钢筋混凝土结构的受力钢筋。

2. 钢筋混凝土冷拉钢筋（图 2-7）

为了提高钢筋的强度及节约钢筋,工地上常按施工规程,控制一定的冷拉应力或冷拉率,对热轧钢筋进行冷拉。

图 2-7 冷拉钢筋

根据《混凝土结构工程施工及验收规范》(GB 50204—92)的规定,冷拉钢筋的力学性能应符合表 2-3 的要求。冷拉后不得有裂纹、起层等现象。

冷拉钢筋的力学性能　　　　　表 2-3

钢筋级别	钢筋直径 (mm)	屈服强度 (MPa)	抗拉强度 (MPa)	伸长率 δ_{10} (%)	冷　弯	
		不　小　于			弯曲角度	弯曲直径
Ⅰ级	≤12	280	370	11	180°	$3d$
Ⅱ级	≤25	450	510	10	90°	$3d$
	28～40	430	490	10	90°	$4d$
Ⅲ级	8～40	500	570	8	90°	$5d$
Ⅳ级	10～28	700	835	6	90°	$5d$

注:d 为钢筋直径(mm)。

冷拉Ⅰ级钢筋适用于钢筋混凝土结构中的受拉钢筋,冷拉Ⅱ、Ⅲ、Ⅳ级钢筋可用作预应力混凝土结构的预应力筋。

3. 预应力热处理钢筋

热处理钢筋其外形分为有纵肋和无纵肋两种。

预应力混凝土用热处理钢筋是用 φ8、φ10（mm）的热轧螺纹钢筋经淬火和回火等调质处理而成，代号为 RB150。热处理钢筋成盘供应，每盘长约 200m。

根据《预应力混凝土用热处理钢筋》（GB 4463—84）的规定，其所用钢材有 40Si2Mn、48Si2Mn 和 45Si2Cr 三个牌号，力学性能应符合表 2-4 的要求。

预应力混凝土用热处理钢筋的力学性能　　　　表 2-4

公称直径 （mm）	牌　号	屈服点 （MPa）	抗拉强度 （MPa）	伸长率 δ_{10} （％）
		不　小　于		
6 8.2 10	40Si2Mn 48Si2Mn 45Si2Cr	1325	1470	6

预应力混凝土用热处理钢筋的优点是：强度高，可代替高强钢丝使用；配筋根数少，节约钢材；锚固性好，不易打滑，预应力值稳定；施工简便，开盘后钢筋自然伸直，不需调直及焊接。主要用于预应力钢筋混凝土轨枕，也用于预应力梁、板结构及吊车梁等。

4. 冷轧带肋钢筋（图 2-8）

冷轧带肋钢筋是采用由普通低碳钢或低合金钢热轧的圆

图 2-8　冷轧带肋钢筋

盘条为母材，经冷轧减径后在其表面冷轧成二面或三面有肋的钢筋。

标准《冷轧带肋钢筋》（GB 13788—2000）规定，冷轧带肋钢筋按抗拉强度分为三级，其代号为 LL550、LL650 和 LL800，其中两个 L 分别表示"冷"和"肋"字的汉语拼音字头，后面的数字表示钢筋抗拉强度等级数值。

冷轧带肋钢筋的公称直径范围为 4~12mm，推荐钢筋公称直径为 5、6、7、8、9、10mm。冷轧带肋钢筋的材质牌号及化学成分如表 2-5 所示，其力学性能和工艺性能应符合表 2-6 的要求。同时，当进行冷弯试验时，受弯曲部位表面不得产生裂纹。钢筋的强屈比 $\sigma_b/\sigma_{0.2}$ 应不小于 1.05。

冷轧带肋钢筋的牌号及化学成分　　表 2-5

级别代号	牌号	化学成分（%）					
		C	Si	Mn	Ti	S	P
LL550	Q215	0.09~0.15	≤0.30	0.25~0.55	—	≤0.050	≤0.045
LL650	Q235	0.14~0.22	≤0.30	0.30~0.65	—	≤0.050	≤0.045
LL800	24MnTi	0.19~0.27	0.17~0.37	1.20~1.60	0.01~0.05	≤0.045	≤0.045

冷轧带肋钢筋的力学和工艺性能　　表 2-6

级别代号	屈服强度 $\sigma_{0.2}$ (MPa) 不小于	抗拉强度 σ_b (MPa) 不小于	伸长率（%）不小于		冷弯 180°	应力松弛 ($\sigma_{con}=0.7\sigma_b$)	
			δ_{10}	δ_{100}		1000h 不大于（%）	10h 不大于（%）
LL550	500	550	8	—	$D=3d$	—	—
LL650	520	650	—	4	$D=4d$	8	5
LL800	640	800	—	4	$D=5d$	8	5

注：D 为弯心直径，d 为钢筋公称直径。

冷轧带肋钢筋具有以下优点：

(1) 强度高，塑性好。

(2) 握裹力强。混凝土对冷轧带肋钢筋的握裹力为同直径冷拔钢丝的3～6倍。

(3) 节约钢材，降低成本。

(4) 提高构件整体质量。

冷轧带肋钢筋将逐步取代冷拔低碳钢丝应用，其中LL550级钢筋宜用作钢筋混凝土结构构件的受力主筋、架立筋和构造钢筋。LL650和LL800级钢筋宜用作中、小预应力混凝土结构构件的受力主筋。

5. 冷拔低碳钢丝

冷拔低碳钢丝是将直径为6.5～8.0mm的Q235热轧盘条钢筋，经冷拔加工而成。

根据标准GB 50204—2002的规定，冷拔低碳钢丝分为甲、乙两级，甲级丝适用于作预应力筋，乙级丝适用于作焊接网、焊接骨架、箍筋和构造钢筋。其力学性能应符合表2-7规定。

冷拔低碳钢丝的力学性能　　表2-7

钢丝级别	直径(mm)	抗拉强度（MPa）		伸长率 δ_{100} (%)	180°反复弯曲(次数)
		Ⅰ组	Ⅱ组		
		不小于			
甲级	5	650	660	3.0	4
	4	700	650	2.5	4
乙级	3～5	550		2.0	4

注：预应力冷拔低碳钢丝经机械调查后，抗拉强度标准值应降低50MPa。

2.4 钢筋的验收与保管

钢筋混凝土工程中所用的钢筋均应进行现场检查验收，合格后方能入库存放、待用。

2.4.1 钢筋的验收

钢筋进场时，应按现行国家标准《钢筋混凝土用钢 第2部分：热轧带肋钢筋》（GB 1499.2—2007）等的规定抽取试件做力学性能检验，其质量必须符合有关标准的规定。验收内容包括查对标牌，检查外观，并按有关标准的规定抽取试样进行力学性能试验。

1. 钢筋的外观检查：包括钢筋应平直、无损伤，表面不得有裂纹、折叠、结疤、油污、颗粒状或片状锈蚀。钢筋表面凸块不允许超过螺纹的高度；钢筋的外形尺寸应符合有关规定。

2. 钢筋的力学试验：力学性能试验时，从每批中任意抽出两根钢筋，每根钢筋上取两个试样分别进行拉力试验（测定其屈服点、抗拉强度、伸长率）和冷弯试验。

2.4.2 钢筋的存放

1. 钢筋运至现场后，必须严格按批分等级、牌号、直径、长度等挂牌存放（图2-9），并注明数量，不得混淆。

2. 应堆放整齐，避免锈蚀和污染，堆放钢筋的下面要加垫木，离地一定距离；有条件时，尽量堆入仓库或料棚内。

图 2-9 钢筋标牌

2.5 钢筋施工常用机具

2.5.1 钢筋加工机具

1. 钢筋弯曲机(图 2-10)

图 2-10　钢筋弯曲机

2. 钢筋调直机（图 2-11）

图 2-11　钢筋调直机

3. 钢筋切断机（图 2-12）
4. 钢筋冷拔机械（图 2-13）

图 2-12　钢筋切断机

图 2-13　钢筋冷拔机械

2.5.2　钢筋连接机具

1. 钢筋直螺纹套丝机（图 2-14）
2. 电焊机（图 2-15）

图 2-14 钢筋直螺纹套丝机

图 2-15 电焊机

3. 对焊机（图 2-16）

图 2-16　对焊机

4. 电渣压力焊（图 2-17）

图 2-17　电渣压力焊

第3章 钢筋配料

3.1 钢筋下料长度计算

1. 直钢筋下料长度（图3-1）

直钢筋下料长度＝构件长度－混凝土保护层＋弯钩增加长度
　　　　　　　＝直段长度＋弯钩增加长度。

钢筋弯钩增加长度其计算值为：半圆弯钩为 $6.25d$，直弯钩为 $3.5d$，斜弯钩为 $4.9d$

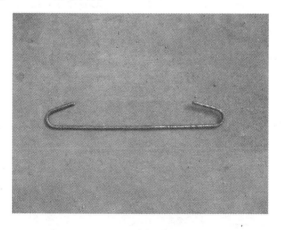

图3-1　直钢筋下料长度

2. 弯起钢筋下料长度（图3-2）

弯起钢筋下料长度＝直段长度＋斜段长度－弯曲调整值
　　　　　　　　＋弯钩增加长度

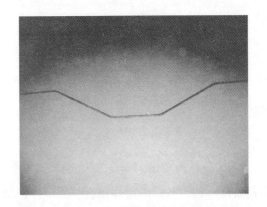

图 3-2 弯起钢筋下料长度

钢筋弯曲调整值

钢筋弯曲角度	30°	45°	60°	90°	135°
钢筋弯曲调整值	$0.35d$	$0.5d$	$0.85d$	$2d$	$2.5d$

3. 箍筋下料长度（图 3-3）

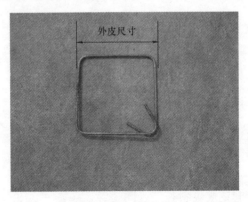

图 3-3 箍筋下料长度

箍筋下料长度＝箍筋周长＋箍筋长度调整值

箍筋一般以内皮尺寸标示，此时，每边加上 2d（d 为钢筋直径），即成外皮尺寸。箍筋长度调整值见表：

箍筋量度方法	箍筋直径（mm）			
	4～5	6	8	10～12
量外包尺寸	40	50	60	70
量内包尺寸	80	100	120	150～170

3.2 钢筋重量计算

钢筋重量计算见表 3-1。

钢筋重量表（kg） 表 3-1

钢筋直径（mm）	钢筋长度（m）								
	1	2	3	4	5	6	7	8	9
4	0.099	0.198	0.297	0.396	0.495	0.594	0.693	0.792	0.891
5	0.154	0.308	0.462	0.616	0.77	0.942	1.078	1.232	1.386
6	0.222	0.444	0.666	0.888	1.11	1.332	1.554	1.776	1.998
8	0.395	0.79	1.185	1.58	1.795	2.37	2.765	3.16	3.555
9	0.499	0.998	1.497	1.996	2.495	2.994	3.493	3.992	4.491
10	0.617	1.234	1.851	2.468	3.085	3.702	4.319	4.936	5.553
12	0.888	1.776	2.664	3.552	4.44	5.328	6.216	7.104	7.992
14	1.21	2.42	3.63	4.84	6.05	7.26	8.47	9.68	10.89
16	1.58	3.16	4.74	6.32	7.9	9.48	11.06	12.64	14.28
18	2	4	6	8	10	12	14	16	18
20	2.47	4.94	7.41	9.88	12.35	14.82	17.29	19.76	22.23
22	2.98	5.96	8.94	11.92	14.9	17.88	20.86	23.84	26.82
25	3.85	7.7	11.55	15.4	19.25	23.1	26.95	30.8	34.65
28	4.83	9.66	14.49	19.32	24.15	28.98	33.81	38.64	43.47
32	6.31	12.62	18.93	25.24	31.55	37.86	44.17	50.48	56.79
36	7.99	15.98	23.97	31.96	39.95	47.94	55.93	63.92	71.91
40	9.87	19.74	29.61	39.48	49.35	59.22	69.09	78.96	88.83

3.3 钢筋代换计算

钢筋代换计算方法分为等强度代换、等面积代换两种方法。具体应用时，应根据不同情况、不同方案进行计算，进行比较得到一个较为经济合理的钢筋代换方案。图 3-4 为钢筋代换示意。

图 3-4　钢筋代换

钢筋代换原则：

1. 在施工中，已确认工地不可能供应设计图要求的钢筋品种和规格时，才允许根据库存条件进行钢筋代换。

2. 代换前，必须充分了解设计意图、构件特征和代换钢筋性能，严格遵守国家现行设计规范和施工验收规范及有关技术规定。

3. 代换后，仍能满足各类极限状态的有关计算要求以及必要的配筋构造规定（如受力钢筋和箍筋的最小直筋、间距、锚固长度、配筋百分率以及混凝土保护层厚度等）；在一般情况下，代换钢筋还必须满足截面对称的要求。

当结构构件按强度控制时，可按强度相等的方法进行代换，即代换后钢筋的"钢筋抗力"不小于施工图纸上原设计配筋的"钢筋抗力",为减少计算工作量,可采用查表方法,利用已制成的钢筋代换表格,如表3-2和表3-3所示。

钢筋抗力(kN)　　　　表3-2

钢筋规格	钢筋根数								
	1	2	3	4	5	6	7	8	9
4绑	3.14	6.28	9.42	12.57	15.71	18.85	21.99	25.13	28.27
4焊	4.02	8.04	12.06	16.08	20.11	24.13	28.15	32.17	36.19
5绑	4.91	9.82	14.73	19.63	24.54	29.45	34.36	39.27	44.18
5焊	5.94	11.88	17.81	23.75	29.69	35.63	41.56	47.50	53.44
6	6.28	12.57	18.85	25.13	31.42	37.70	43.98	50.27	56.55
8	10.56	21.11	31.67	42.22	52.78	63.33	73.89	84.45	95.00
9	13.36	26.72	40.08	53.44	66.80	80.16	93.52	106.9	120.2
8	15.58	31.16	46.75	62.33	77.91	93.49	109.1	124.7	140.2
10	16.49	32.99	49.48	65.97	82.47	98.96	115.5	131.9	148.2
12	23.75	47.50	71.25	95.00	118.8	142.5	166.3	190.0	231.8
10	24.35	48.69	73.04	97.39	121.7	146.1	170.4	194.8	219.1
10	26.7	53.41	80.11	106.8	133.5	160.2	186.9	213.6	240.3
14	32.33	64.65	96.98	129.3	161.6	194.0	226.3	258.6	290.9
12	35.06	70.12	105.2	140.2	175.3	210.4	245.4	280.5	315.5
12	38.45	76.19	115.4	153.8	192.3	230.7	269.2	307.6	346.1
16	42.22	84.45	126.7	168.9	211.1	253.3	295.6	337.8	380.0
14	47.72	95.44	143.2	190.9	238.6	286.3	334.0	381.8	429.5
14	52.34	104.7	157.0	209.4	261.7	314.0	366.4	418.7	471.1
18	53.44	106.9	160.0	213.8	267.2	320.6	374.1	427.5	480.9
16	62.33	124.7	187.0	249.3	311.6	374.0	436.3	498.6	561.0

续表

钢筋规格	钢筋根数								
	1	2	3	4	5	6	7	8	9
20	65.97	131.9	197.9	263.9	329.9	395.8	461.8	527.8	593.8
16	68.36	136.7	205.1	273.4	341.8	410.2	478.5	546.9	615.2
18	78.89	157.8	236.7	315.5	394.4	473.3	552.2	631.1	710.0
22	79.83	159.7	239.5	319.3	399.1	479.0	558.8	638.6	718.5
18	86.52	173.0	259.6	346.1	432.6	579.1	605.6	692.2	778.7
20	97.39	194.8	292.2	389.6	486.9	584.3	681.7	779.1	876.5
25	103.1	206.2	309.3	412.3	515.4	618.5	721.6	824.7	927.8
20	106.8	213.6	320.4	427.3	534.1	640.9	747.7	854.5	961.3
22	117.8	253.7	353.5	471.4	589.2	707.0	834.9	942.7	1061
22	129.2	258.5	387.7	517.0	646.2	775.5	904.7	1034	1163
28	129.3	258.6	387.9	217.2	646.5	775.8	905.2	1034	1164
25	152.2	304.3	456.5	608.7	760.9	913.0	1065	1217	1370
25	166.9	333.8	500.7	667.6	834.5	1001	1168	1335	1502
32	168.9	337.8	506.7	675.6	844.5	1013	1182	1351	1520
28	178.6	357.1	535.7	714.3	892.8	1071	1250	1429	1607
28	209.4	418.7	628.1	837.4	1047	1256	1465	1675	1884
36	213.8	427.5	641.3	855.0	1069	1283	1496	1710	1924
32	233.2	466.5	699.7	932.9	1166	1399	1633	1866	2099
40	263.9	527.8	791.7	1056	1319	1583	1847	2111	2375
32	273.4	546.9	820.3	1094	1367	1641	1914	2188	2461
36	295.2	590.4	855.6	1181	1476	1771	2066	2361	2657
36	346.1	692.2	1038	1384	1730	2076	2423	2769	3115
40	364.4	728.8	1093	1458	1822	2187	2551	2915	3280
40	427.3	854.5	1282	1709	2136	2564	2991	3418	3845

1m 宽混凝土构件的钢筋抗力（kN）　　　表 3-3

钢筋间距	钢筋直径（mm）								
	6	6/8	8	8/10	10	10/12	12	12/14	14
80	74.22	103.1	131.9	169.1	206.2	251.5	296.9	350.5	404.1
90	65.97	91.63	117.3	150.3	183.3	223.6	263.9	311.5	359.2
100	59.38	82.47	105.6	135.2	164.9	201.2	237.5	280.4	323.3
110	53.98	74.97	95.96	123.0	149.9	182.9	215.9	254.9	293.9
120	49.48	68.72	87.96	112.7	137.4	167.7	197.9	233.7	269.4
130	45.67	63.44	81.20	104.0	126.9	154.8	182.7	215.7	248.7
140	42.41	58.9	75.40	96.6	117.8	143.7	169.6	200.3	230.9
150	39.58	54.98	70.37	90.16	110.0	143.1	158.3	186.9	215.5
160	37.11	51.54	65.97	84.53	103.1	125.8	148.4	175.2	202.0
170	34.92	48.51	62.09	79.56	97.02	118.4	139.7	164.9	190.2
180	32.99	45.81	58.64	75.14	91.63	111.8	131.9	155.8	179.6
190	31.25	43.40	55.56	71.18	86.81	105.9	125.0	147.6	170.1
200	29.69	41.23	52.78	67.62	82.47	100.6	118.8	140.2	161.6
210	28.27	39.27	50.27	64.40	78.54	95.82	113.1	133.5	153.9
220	26.99	37.48	47.98	61.48	74.97	91.46	108.0	127.4	146.9
230	25.82	35.86	45.89	58.80	71.71	87.49	103	121.9	140.6
240	24.74	34.36	43.98	56.35	68.72	83.84	98.69	116.8	134.7
250	23.75	32.99	42.22	54.10	65.97	80.49	95.00	112.2	129.3

3.4 钢筋配料单

钢筋配料单是确定钢筋下料加工依据，也是在钢筋安装中作为区别各工程项目、构件和各种编号的标志。

3.4.1 配料单的形式

表 3-4 是某办公楼钢筋混凝土简支梁 L 的配料单形式。

某办公楼钢筋混凝土简支梁L的配料单　　表3-4

构件名称	钢筋编号	简　图	直径(mm)	钢号	下料长度(m)	单位根数	合计根数	质量(kg)
某办公楼L1梁共五根	1	5950	18	Φ	6.18	2	10	123
	2	5950	10	φ	6.07	2	10	37.5
	3	4400　564　375	18	Φ	6.47	1	5	64.7
	4	3400　564　375	18	Φ	6.47	1	5	64.7
	5	300 250	6	φ	1.2	31	155	41.3
备注	合计　φ6＝41.3kg　　φ10＝37.5kg　　Φ18＝252.4kg							

3.4.2 标牌与标识

钢筋除填写配料单外，还需将每一编号的钢筋制作相应的标牌与标识，也即料牌，作为钢筋加工的依据，并在安装中作为区别工程项目的标志。

钢筋料牌的形式见图3-5。

将每一编号钢筋的有关资料：工程名称、图号、钢筋编号、根数、规格、式样以及下料长度等写注于料牌的两面，以便随着工艺流程一道工序一道工序地传送

图3-5　钢筋料牌

第4章 钢筋加工

4.1 钢筋除锈与调整

4.1.1 钢筋除锈

除锈工作应在调直后、弯曲前进行,并应尽量利用冷拉和调直工序进行除锈。钢筋除锈的方法有多种,常用的有人工除锈、钢筋除锈机除锈和酸法除锈。

4.1.2 钢筋调直

1. 手工调直:直径在10mm以下的盘条钢筋,在施工现场一般采用手工调直钢筋。

对于冷拔低碳钢丝,可通过导轮牵引调直;盘条筋可采用绞盘拉直;对于直条粗钢筋一般弯曲较缓,可就势用手扳子扳直。

2. 机械调直:机械平直是通过钢筋调直机(图4-1)实现的,这类设备适用于处理冷拔低碳钢丝和直径不大于14mm的细钢筋。钢筋调直机操作步骤如下:

(1) 检查;
(2) 试运转;
(3) 试断筋;
(4) 正确安装承料架及其上定尺板。

4.1.3 钢筋切断

钢筋切断方法分为人工切断与机械切断。

图 4-1 钢筋调直机（一）

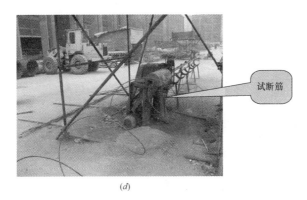

(d)

图 4-1 钢筋调直机（二）

1. 人工切断：

断线钳（切断钢丝）和手动液压切断器（切断直径不超过 16mm 的钢筋）（图 4-2）。

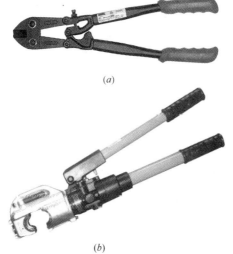

图 4-2 人工切断设备
(a) 断线钳；(b) 手动液压切断器

2. 机械切断

钢筋切断机如图 4-3 所示。

常用的钢筋切断机械有 GQ40，其他还有 GQ12、GQ20、GQ35、GQ25、GQ32、GQ50、GQ65 型，型号的数字表示可切断钢筋的最大公称直径

(a)

送料。断料时应握紧钢筋，待活动刀片后退时及时将钢筋送进刀口，不要在活动刀片已开始向前推进时，向刀口送料，以免断料不准，甚至发生机械及人身事故

(b)

断料。长度在 30cm 以内的短料，不能直接用手送料切断；禁止切断超过切断机技术性能规定的钢材以及超过刀片硬度或烧红的钢筋

(c)

图 4-3 钢筋切断机（一）

(d)

图4-3 钢筋切断机(二)

4.1.4 钢筋弯曲

弯曲成型是将已切断、配好的钢筋按照施工图纸的要求加工成规定的形状尺寸。钢筋弯曲成型的顺序是：准备工作→画线→样件→弯曲成型。弯曲分为人工弯曲和机械弯曲两种。

1. 准备工作：熟悉待加工钢筋的规格、形状和各部尺寸，确定弯曲操作步骤及准备工具等。

2. 画线：将钢筋的各段长度尺寸画在钢筋上。

3. 样件：弯曲钢筋画线后，即可试弯1根，以检查画线的结果是否符合设计要求。如不符合，应对弯曲顺序、画线、弯曲标志、扳距等进行调整，待调整合格后方可成批弯制。

4. 弯曲成型：

(1) 手工弯曲成型：

常用设备机具：工作台、手摇扳、卡盘、钢筋扳子等。

(2) 机械弯曲成型：钢筋弯曲机

1) 箍筋的弯曲成型步骤（图4-4）：

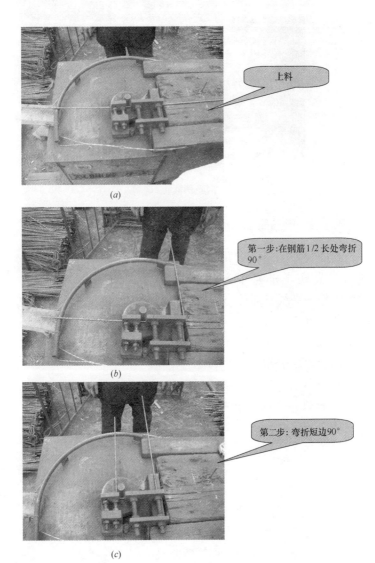

图 4-4 箍筋的弯曲成型步骤（一）

(d) 第三步:弯长边135°弯钩

(e) 第四步:弯短边90°弯折

(f) 第五步:弯短边135°弯钩

图 4-4　箍筋的弯曲成型步骤（二）

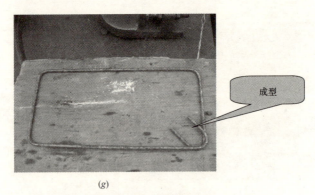

(g)

图 4-4 箍筋的弯曲成型步骤（三）

2) 弯起钢筋的弯曲成型步骤（图 4-5）：

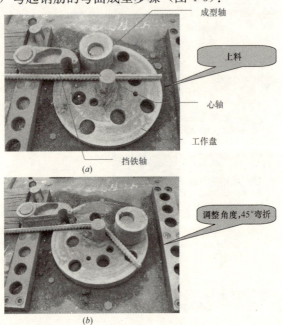

图 4-5 弯起钢筋的弯曲成型步骤（一）

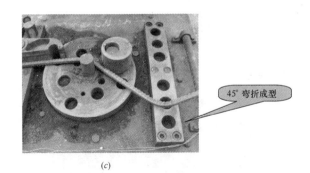

图 4-5　弯起钢筋的弯曲成型步骤（二）

（3）成品管理要点：

1）弯曲成型好了的钢筋必须轻抬轻放，避免产生变形；经过验收检查合格后，成品应按编号拴上料牌（图 4-6）。

图 4-6　钢筋成品料牌

2）清点某一编号钢筋成品无误后，在指定的堆放地点位置，要按编号分隔整齐堆入，并标识所属工程名称（图 4-7）。

3）钢筋成品应堆放在库房里，库房应防雨防水，地面保持干燥，并作好支垫。

图 4-7 钢筋成品码放

4.2 钢筋的冷加工

钢筋的冷加工工艺包括钢筋冷拉、冷拔、冷轧、冷轧扭,以提高钢筋强度设计值,达到节约钢筋的目的。

4.2.1 钢筋的冷拉

现场常用的有以下两种冷拉工艺:

1. 卷扬机冷拉工艺:该种工艺施工现场用得最多。它具有适应性强、设备简单、效率高、成本低等优点。

2. 液压粗钢筋冷拉工艺:适用于冷拉直径 20mm 以上

的钢筋。

3. 冷拉操作要点：

钢筋上盘→放圈→切断→夹紧夹具→冷拉→放松夹具→捆扎堆放→分批验收。

4.2.2　钢筋的冷拔

冷拔的工艺流程为：轧头→剥皮→通过→润滑剂→进入拔丝模。

第5章 钢筋连接

5.1 钢筋在构件中的配置

用钢筋混凝土制成的常见构件有：梁、板、墙、柱等。这些构件在建筑物中发挥的作用不同，所以钢筋的配置也不尽相同。

1. 梁内钢筋的配置

(1) 纵向钢筋（图5-1）

图5-1 纵向钢筋

(2) 弯起钢筋（图5-2）

(3) 箍筋（图5-3）

2. 板内钢筋的配置（图5-4）

3. 柱内钢筋的配置

(1) 纵向钢筋（图5-5）

弯起钢筋的弯折位置允许偏差为±20mm

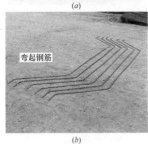

图 5-2 弯起钢筋

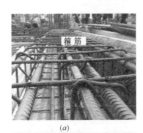

箍筋弯钩的弯折角度：对一般结构，不应小于90°；对有抗震等要求的结构，应为135°

图 5-3 箍筋

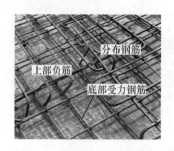

图 5-4 板内钢筋的配置　　　　图 5-5 纵向钢筋

（2）箍筋（图 5-6）

图 5-6 箍筋

4. 墙内钢筋的配置（图 5-7）

墙筋应逐点绑扎，双排钢筋之间应绑拉筋或支撑筋（撑铁），其纵横间距不大于600m，钢筋外皮绑扎垫块或用塑料卡

图 5-7 墙内钢筋的配置

5.2 钢筋的弯钩

钢筋的弯钩形式有三种:半圆弯钩、斜弯钩和直弯钩(图5-8)。

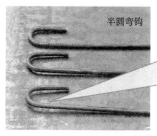

(a) 半圆弯钩

弯弧内直径不应小于2.5d,且不小于受力钢筋直径,弯钩的弯后平直部分长度不应小于5d,对有抗震等要求的结构,不应小于10d。(d为箍筋直径)

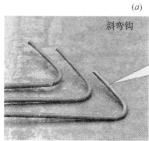

(b) 斜弯钩

弯弧内直径不应小于4d,且不小于受力钢筋直径,弯钩的弯后平直部分长度不应小于5d,对有抗震等要求的结构,不应小于10d。(d为箍筋直径)

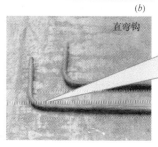

(c) 直弯钩

弯弧内直径不应小于5d,且不小于受力钢筋直径,弯钩的弯后平直部分长度不应小于5d,对有抗震等要求的结构,不应小于10d。(d为箍筋直径)

图5-8 钢筋的弯钩形式

5.3 钢筋的绑扎

绑扎是钢筋连接常用的一种方法,绑扎安装环节是钢筋施工的最后工序,分预先绑扎后安装和现场模内绑扎两种。为缩短钢筋安装的工期,减少钢筋施工的高空作业,在运输、起重条件允许的情况下,钢筋网和钢筋骨架的安装尽量采用先绑扎后安装的方法。

5.3.1 钢筋绑扎安装前的准备工作

1. 熟悉施工图纸

施工图是钢筋安装的依据,在施工图上明确要求钢筋安装位置、标高、形状、有关的尺寸和对钢筋安装的一些特殊要求。

核对钢筋配料单和料牌,检查钢筋外观质量,抽取试件作力学性能检验。

2. 做好机具、材料的准备

(1) 铁(铅)丝钩(图5-9)

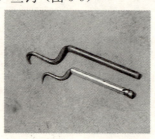

图5-9 铁(铅)丝钩

(2) 铁丝(火烧丝)(图5-10)

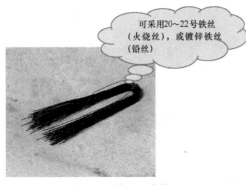

图 5-10 铁丝（火烧丝）

（可采用20~22号铁丝（火烧丝），或镀锌铁丝（铅丝））

(3) 垫块（图 5-11）

（用水泥砂浆制成，50mm见方，厚度同保护层，垫块内预埋20~22号火烧丝。或用塑料卡、拉筋、支撑筋。）

图 5-11 垫块

(4) 小撬棍（图 5-12）

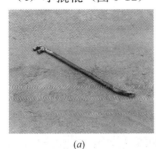

(a)

(b)

图 5-12 小撬棍

(5) 绑扎架（图 5-13）

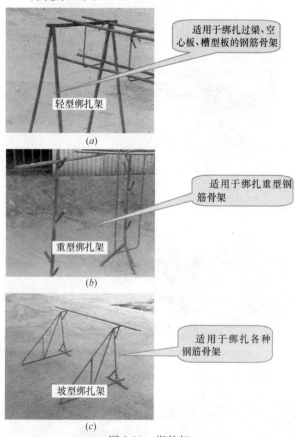

图 5-13 绑扎架

5.3.2 钢筋的基本绑扎方法

1. 一面顺扣法（图 5-14）
2. 十字花扣法（图 5-15）
3. 兜扣法（图 5-16）

(a)

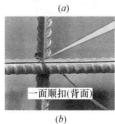

(b)

> 一面顺扣法是最常用的绑扎方法，操作简便，适用于钢筋骨架各个部位的绑扎。
> 每个绑点穿入铁丝扣方向要变换90°。

图 5-14 一面顺扣法

(a)

(b)

图 5-15 十字花扣法

(a)

(b)

图 5-16 兜扣法

4. 缠扣法（图5-17）

5. 反十字花扣法（图5-18）

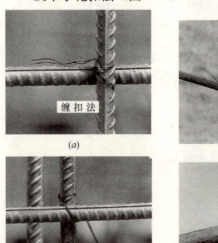

图5-17 缠扣法　　　　　图5-18 反十字花扣法

6. 套扣法（图5-19）

图5-19 套扣法

5.4 钢筋的焊接

采用焊接代替绑扎,可节约钢材、改善结构受力性能、提高工效、降低成本。钢筋焊接常用的方法有:对焊、点焊、电弧焊和电渣压力焊等。

5.4.1 对焊

1. 原理

对焊是钢筋接触对焊的简称。对焊具有成本低、质量好、工效高、并对各种钢筋均能适用的特点,因而得到普遍的应用。

对焊是利用对焊机使两段钢筋接触,通过低电压强电流,把电能转化为热能,使钢筋加热到一定温度后,即施以轴向压力顶锻,使两根钢筋焊合在一起。钢筋对焊常用闪光焊(图5-20)。

接头表面无裂纹和明显烧伤;接头应有适当镦粗的均匀的毛刺;接头如有弯折,其角度不大于3°;接头轴线的偏移不应大于0.1d,亦不应大于2mm。外观检查不合格的接头,可将距接头左右各15mm切除重焊

图5-20 闪光焊

根据钢筋品种、直径和所用焊机合在一起。钢筋对焊常用闪光焊。根据钢筋品种、直径和所用焊机功率不同,闪光焊的工艺又分连续闪光焊、预热闪光焊、闪光-预热-闪光

焊和焊后进行通电热处理。

2. 质量检查与验收

不同直径钢筋焊接时，截面比不宜超过1.5，钢筋对焊完毕，应对全部接头进行外观检查，并按批切取部分接头进行机械性能试验。

对焊接头机械性能的试验，应按同一类型分批进行，每批切取6%，但不得少于6个试件，其中3个做抗拉试件，3个做冷弯试验。接头试件抗拉强度实测值不应小于钢筋母材的抗拉强度规定值且断于接头以外处。对于冷弯，应做正弯和反弯试验。冷弯不应在焊缝外或热影响区断裂，否则不论强度多高均不合格；冷弯后外侧横向裂缝宽度亦不得大于0.15mm，对于HRB500级钢筋，冷弯则不允许有裂纹出现。

5.4.2 点焊

在各种预制构件中，利用点焊机（图5-21）进行交叉钢筋焊接，使单根钢筋成型为各种网片(图5-22)、骨架，以

图5-21 点焊机

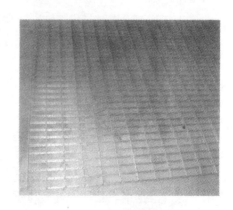

图5-22 钢筋网片

代替人工绑扎,是实现生产机械化、提高效率、节约劳动力和材料（钢筋端部不需弯钩）、保证质量、降低成本的一种有效措施。而且采用焊接骨架和焊接网,可使钢筋在混凝土中能更好地锚固,可提高构件的刚度和抗裂性,因此钢筋通电发热至一定温度后,加压使焊点金属焊合。

当圆钢筋交叉点焊时,由于接触只有一点,而在接触处有较大的接触电阻,因此,在接触的瞬间,全部热量都集中在这一点上,使金属很快地受热达到熔化连接的温度。

不同直径钢筋交叉点焊时,大小钢筋直径之比,在小钢筋直径小于 10mm 时,不宜大于 3；在小钢筋直径为 12～14mm 时,不宜大于 2,同时应根据小直径钢筋选择焊接参数。为使焊点有足够的抗剪能力,焊点处钢筋互相压入的深度为细钢筋直径的 $1/4～2/5$。

钢筋焊点的外观检查应无脱落、漏焊、气孔、裂缝、空洞以及明显烧伤现象。焊点处应挤出饱满而均匀的熔化金属,并应有适量的压入深度；焊接网的长、宽及骨架长度的允许偏差为 ±10mm；焊接骨架高度允许偏差为 ±5mm；网眼尺寸及箍筋间距允许偏差为 ±10mm。焊点的抗剪强度不应低于小钢筋的抗拉强度；抗伸试验时,不应在焊点断裂；弯角试验时,不应有裂纹。

5.4.3 电弧焊

电弧焊的工作原理如图 5-23 所示,电焊时,电焊机送出低压的强电流,使焊条与焊件之间产生高温电流,将焊条与焊

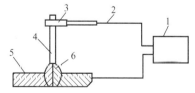

图 5-23 电弧焊的工作原理
1—电焊机；2—线路；3—焊夹；
4—焊条；5—焊件；6—焊点

件金属熔化，凝固后形成一条焊缝。

电弧焊应用较广，如整体式钢筋混凝土结构中的钢筋接长、装配式钢筋接头、钢筋骨架焊接及钢筋与钢板的焊接等。

1. 搭接接头（图5-24）

适用于直径10～40mm的HPB235～HRB400钢筋（图中括号内数值于HRB335～HRB400级钢筋）。焊接时，先将主钢筋的端部按搭接长度预弯，使被焊钢筋与其在同一轴线上，并采用两端点焊定位，焊缝宜采用双面焊，当双面施焊有困难时，也可采用单面焊。

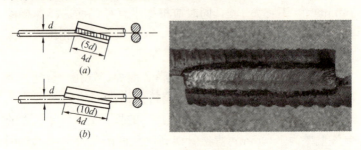

图5-24 搭接接头

2. 帮条接头（图5-25）

适用范围同搭接接头。帮条钢筋宜与主筋同级别、同直径，如帮条与被焊接钢筋的级别不相同时，还应按钢筋的计算强度进行换算。所采用帮条的总截面积应满足：当被焊接钢筋为HPB235时，应不小于被焊接钢筋截面的1.2倍；HRB335、HRB400时则应不小于1.5倍。主筋端面间的间隙应为2～5mm，帮条和主筋间用四点对称定位焊加以固定。

钢筋搭接接头与帮条接头焊接时，焊缝厚度应不小于

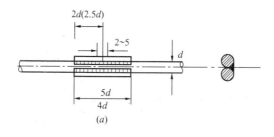

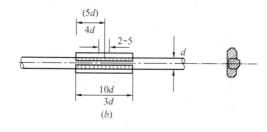

图 5-25 帮条接头

0.3d，且大于 4mm；焊缝宽度不小于 0.7d，且不小于 10mm。

3. 坡口（剖口）接头（图 5-26）

分平焊和立焊，适用于直径 16～40mm 的 HRB235～HRB500 级钢筋。当焊接 HRB500 钢筋时，应先将焊件加温处理。坡口接头较上两种接头节约钢材。

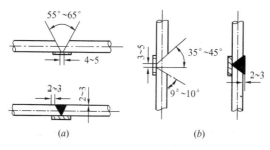

图 5-26 坡口接头

4. 钢筋与预埋件接头（图 5-27）

可分对接接头和搭接接头两种。对接接头又分为角焊和穿孔塞焊。当钢筋直径为 6～25mm 时，可采用角焊；当钢筋直径为 20～30mm 时，宜采用穿孔塞焊。

电弧焊接头的质量检验主要是外观检查，其要求是：焊缝要平顺，不得有裂纹；没有明显的咬边、凹陷、焊瘤、夹渣及气孔；用小锤敲击焊缝时，应发出与其本金属同样的清脆声；焊缝尺寸与缺陷的偏差不得大于规范规定。

坡口接头，除进行外观检查和超声波探伤外，还应分批切取 1% 的接头进行切片观察（焊缝金属部分）。切片经磨平后，内部应没有规范规定的气孔和夹渣。经切片后的焊缝处，允许用相同工艺补焊。

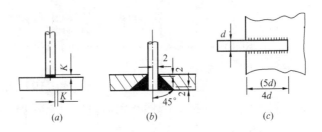

图 5-27 钢筋与预埋件接头

5.4.4 电渣压力焊

电渣压力焊是利用电流通过渣池产生的电阻热将钢筋端部熔化，然后施加压力使钢筋焊合。主要用于现浇结构中异径差在 9mm 内直径 14～40mm 的 HPB235～HRB400 竖向或斜向（倾斜度在 4∶1 内）钢筋的接长。这种焊接方法操作简单、工作条件好、工效高、成本低，比电弧焊接头节电

80%以上，比绑扎连接和帮条搭接节约钢筋30%，提高工效6～10倍。

电渣压力焊的操作步骤如图5-28所示。

强度检验时，在现浇混凝土结构中，每一楼层以300个同钢筋级别和直径的接头为一批（不足300个接头也作为一批），切取三个接头作为试件，进行静力拉伸试验，其抗拉强度实测值均不得低于该级别钢筋的抗拉强度标准值。如有

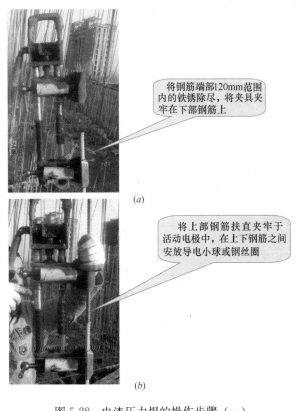

(a) 将钢筋端部120mm范围内的铁锈除尽，将夹具夹牢在下部钢筋上

(b) 将上部钢筋扶直夹牢于活动电极中，在上下钢筋之间安放导电小球或钢丝圈

图5-28 电渣压力焊的操作步骤（一）

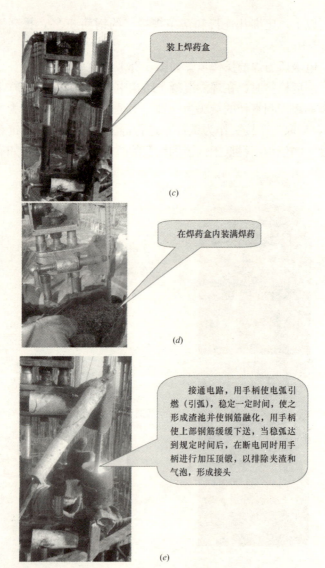

图 5-28 电渣压力焊的操作步骤（二）

一个试件的抗拉强度低于规定数值,则要加倍取样。如仍有一个试件不符合要求,则判定该批焊接接头为不合格品。

在钢筋电渣压力焊焊接过程中,如发现裂纹、未熔合、烧伤等焊接缺陷,应查找原因,采取措施,及时消除。

5.5 钢筋机械连接

5.5.1 套筒挤压连接

套筒挤压连接是把两根待接钢筋的端头先插入一个优质钢套管,然后用挤压机在侧向加压数道,套筒塑性变形后即与带肋钢筋紧密咬合达到连接的目的(图 5-29),适用于 18~40mm 的 HPB235、HRB335 变形(带肋)钢筋。

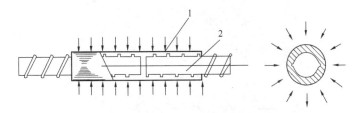

图 5-29 套筒挤压连接示意
1—钢套筒;2—被连接的钢筋

操作步骤如图 5-30 所示。

5.5.2 锥螺纹连接

锥螺纹连接是用锥螺纹套筒将两根钢筋端头对接在一起,利用螺纹的机械咬合力传递拉力或压力。所用的设备主要是套丝机,通常安放在现场对钢筋端头进行套丝。

图 5-30 套筒挤压连接操作步骤（一）

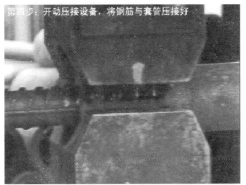

图 5-30 套筒挤压连接操作步骤（二）

图 5-30 套筒挤压连接操作步骤（三）

锥螺纹连接操作步骤如图 5-31 所示：

图 5-31 锥螺纹连接操作步骤（一）

图 5-31 锥螺纹连接操作步骤（二）

5.5.3 直螺纹连接

直螺纹连接是近年来开发的一种新的螺纹连接方式。它先把钢筋端部镦粗,然后再切削直螺纹,最后用套筒实行钢筋对接(图5-32)。

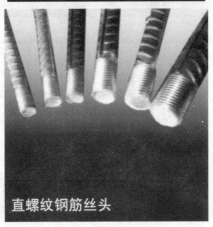

图5-32 直螺纹连接(一)

图 5-32 直螺纹连接（二）

第6章 常用构件钢筋的绑扎与安装

6.1 钢筋绑扎的准备工作与一般要求

6.1.1 材料及主要机具

(1) 钢筋:应有出厂合格证,按规定做力学性能复试。若加工过程中发生脆断等特殊情况,还需做化学成分检验。钢筋应无老锈及油污。

(2) 铁丝:可采用20~22号铁丝(火烧丝)或镀锌铁丝(铅丝)。铁丝的切断长度要满足使用要求。

(3) 控制混凝土保护层用的砂浆垫块(图6-1)、塑料卡(图6-2)、各种挂钩或撑杆等。

图6-1 砂浆垫块

图 6-2 塑料卡

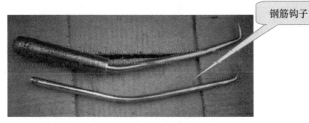

图 6-3 钢筋钩子

（4）工具：钢筋钩子（图6-3）、撬棍（图6-4）、扳子、绑扎架、钢丝刷子（图6-5）、手推车、粉笔、尺子等。

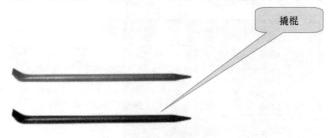

图6-4 撬棍

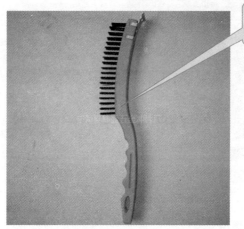

图6-5 钢丝刷子

6.1.2 作业条件

1. 按施工现场平面图规定的位置，将钢筋堆放场地进行清理、平整（图6-6）。

2. 核对钢筋的级别、型号、形状、尺寸及数量是否与设计图纸及加工配料单相同。

图 6-6 钢筋堆放

3. 地下室钢筋绑扎：

（1）当施工现场地下水位较高时，必须有排水及降水措施。

（2）熟悉图纸，确定钢筋穿插就位顺序，并与有关工种做好配合工作，如支模、管线、防水施工与绑扎钢筋的关系，确定施工方法，做好技术交底工作。

（3）根据地下室防水施工方案（采用内贴法或外贴施工），底板钢筋绑扎前做完底板下防水层及保护层；支完底板四周模板（或砌完保护墙，做好防水层）。当地下室外墙防水采用内贴法施工时，在绑扎墙体钢筋之前砌完保护墙，做好防水层及保护层。

4. 砖混、外砖内模结构构造柱、圈梁、板缝钢筋绑扎：

（1）弹好标高水平线及构造柱、外砖内模混凝土墙的外皮线。

（2）圈梁及板缝模板已做完预检，并将模内清理干净。

（3）预应力圆孔板的端孔已按标准图（京96G44）的要求堵好。

5. 剪力墙结构大模板墙体钢筋绑扎：

（1）按规定作力学性能复试，当加工过程中发生脆断等特殊情况，还需做化学成分检验；网片应有加工厂出厂合格证，钢筋应无老锈及油污。

（2）钢筋或点焊网片应按现场施工平面图中指定位置堆放，网片立放时需有支架，平放时应垫平，垫木应上下对正，吊装时应使用网片架吊装。

（3）钢筋外表面如有铁锈时，应在绑扎前清除干净，锈蚀严重侵蚀断面的钢筋不得使用（图6-7）。

图6-7 不得使用锈蚀严重的钢筋

（4）检查网片的几何尺寸、规格、数量及点焊质量等，合格后方可使用。

（5）外砖内模工程必须砌完外墙。

（6）应将绑扎钢筋地点清理干净。

（7）弹好墙身、洞口位置线，并将预留钢筋处的松散混凝土剔凿干净。

6. 现浇框架结构钢筋绑扎：

（1）做好抄平放线工作，弹好水平标高线，柱、墙外皮尺寸线。

(2)根据弹好的外皮尺寸线,检查下层预留搭接钢筋的位置、数量、长度,如不符合要求时,应进行处理。绑扎前先整理调直下层伸出的搭接筋,并将锈蚀、水泥砂浆等污垢清除干净。

(3)根据标高检查下层伸出搭接筋处的混凝土表面标高(柱顶、墙顶)是否符合图纸要求,如有松散不实之处,要剔除并清理干净。

(4)模板安装完并办理预检,将模板内杂物清理干净。

(5)按要求搭好脚手架。

(6)根据设计图纸及工艺标准要求,向班组进行技术交底。

6.2 钢筋混凝土构件的钢筋绑扎

6.2.1 地下室钢筋绑扎

1. 工艺流程

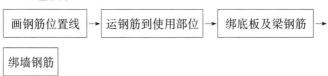

2. 画钢筋位置线

按图纸标明的钢筋间距,算出底板实际需用的钢筋根数,一般让靠近底板模板边的那根钢筋离模板边为5cm,在底板上弹出钢筋位置线(包括基础梁钢筋位置线)。

3. 绑基础底板及基础梁钢筋

(1)按弹出的钢筋位置线,先铺底板下层钢筋(图6-8)。

根据底板受力情况，决定下层钢筋哪个方向钢筋在下面，一般情况下先铺短向钢筋，再铺长向钢筋。

图 6-8 按钢筋位置线铺底板下层钢筋

（2）钢筋绑扎时，靠近外围两行的相交点每点都绑扎，中间部分的相交点可相隔交错绑扎，双向受力的钢筋必须将钢筋交叉点全部绑扎。如采用一面顺扣应交错变换方向，也可采用八字扣，但必须保证钢筋不位移。

（3）摆放底板混凝土保护层用砂浆垫块，垫块厚度等于保护层厚度，按每 1m 左右距离梅花形摆放。如基础底板较厚或基础梁及底板用钢量较大，摆放距离可缩小，甚至砂浆垫块可改用铁块代替。

（4）底板如有基础梁，可分段绑扎成型，然后安装就位，或根据梁位置线就地绑扎成型。

（5）基础底板采用双层钢筋时，绑完下层钢筋后，摆放钢筋马凳或钢筋支架（图 6-9）（间距以 1m 左右一个为宜），在马凳上摆放纵横两个方向定位钢筋，钢筋上下次序及绑扣方法同底板下层钢筋。

（6）底板钢筋如有绑扎接头时，钢筋搭接长度及搭接位置应符合施工规范要求，钢筋搭接处应用铁丝在中心及两端扎牢。如采用焊接接头，除应按焊接规程规定抽取试样外，

图 6-9 钢筋支架

接头位置也应符合施工规范的规定。

（7）由于基础底板及基础梁受力的特殊性，上下层钢筋断筋位置应符合设计要求。

（8）根据弹好的墙、柱位置线，将墙、柱伸入基础的插筋绑扎牢固，插入基础深度要符合设计要求，甩出长度不宜过长，其上端应采取措施保证甩筋垂直，不歪斜、倾倒、变位。

4. 墙筋绑扎

（1）在底板混凝土上弹出墙身及门窗洞口位置线，再次校正预埋插筋，如有位移时，按规定认真处理。墙模板宜采用"跳间支模"，以利于钢筋施工。

（2）先绑 2～4 根竖筋，并画好横筋分档标志，然后在下部及齐胸处绑两根横筋定位，并画好竖筋分档标志。一般情况横筋在外，竖筋在里，所以先绑竖筋后绑横筋。横竖筋的间距及位置应符合设计要求。

（3）墙筋为双向受力钢筋，所有钢筋交叉点应逐点绑扎，其搭接长度及位置要符合设计图纸及施工规范的要求。

（4）双排钢筋之间应绑间距支撑或拉筋（图6-10），以固定钢筋间距。

支撑或拉筋可用 $\phi6$ 或 $\phi8$ 钢筋制作，间距1m左右，以保证双排钢筋之间的距离

图6-10 支撑或拉筋

（5）在墙筋外侧应绑上带有铁丝的砂浆垫块，以保证保护层的厚度。

（6）为保证门窗洞口标高位置正确，在洞口竖筋上画出标高线。门窗洞口要按设计要求绑扎过梁钢筋，锚入墙内长度要符合设计要求。

（7）各连接点的抗震构造钢筋及锚固长度，均应按设计要求进行绑扎。如首层柱的纵向受力钢筋伸入地下室墙体深度；墙端部、内外墙交接处受力钢筋锚固长度等，绑扎时应注意。

（8）配合其他工种安装预埋管件、预留洞口等，其位置、标高均应符合设计要求。

6.2.2 砖混、外砖内模结构构造柱、圈梁、板缝钢筋绑扎

1. 构造柱钢筋绑扎

(1) 工艺流程:

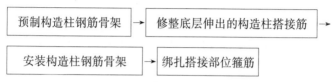

(2) 预制构造柱钢筋骨架:

1) 先将两根竖向受力钢筋平放在绑扎架上,并在钢筋上画出箍筋间距。

2) 根据画线位置,将箍筋套在受力筋上逐个绑扎(图6-11),要预留出搭接部位的长度。为防止骨架变形,宜采用反十字扣或套扣绑扎。

3) 穿另外两根受力钢筋,并与箍筋绑扎牢固。

4) 在柱顶、柱脚与圈梁钢筋交接的部位,应按设计要求加密柱的箍筋,加密范围一般在圈梁上、下均不应小于1/6层高或45cm,箍筋间距不宜大于10cm(柱脚加密区箍筋待柱骨架立起搭接后再绑扎)。

(3) 修整底层伸出的构造柱搭接筋:根据已放好的构造柱位置线,检查搭接筋位置及搭接长度是否符合设计和规范的要求。底层构造柱竖筋与基础圈梁锚固;无基础圈梁时,埋设在柱根部混凝土座内;当墙体附有管沟时,构造柱埋设深度应大于沟深。

(4) 安装构造柱钢筋骨架:先在搭接处钢筋上套上箍筋,然后再将预制构造柱钢筋骨架立起来,对正伸出的搭接

图 6-11 箍筋绑扎

筋,搭接倍数不低于 $35d$,对好标高线,在竖筋搭接部位各绑 3 个扣。骨架调整后,可以绑根部加密区箍筋。

(5) 绑扎搭接部位钢筋:

1) 构造柱钢筋必须与各层纵横墙的圈梁钢筋绑扎连接,形成一个封闭框架。

2) 在砌砖墙大马牙槎时,沿墙高每 50cm 埋设两根 $\phi 6$ 水平拉结筋,与构造柱钢筋绑扎连接。

3) 当构造柱设置在无横墙的外墙处时,构造柱钢筋与现浇或预制横梁梁端连接绑扎构造,要符合《多层砖混设置钢筋混凝土构造柱抗震设计与施工规范》JGJ 13—82 第 3.2.5 条的规定。

4) 砌完砖墙后,应对构造柱钢筋进行修整,以保证钢筋位置及间距准确。

2. 圈梁钢筋的绑扎

(1) 工艺流程：

(2) 支完圈梁模板并做完预检，即可绑扎圈梁钢筋，如果采用预制骨架时，可将骨架按编号吊装就位进行组装。如在模内绑扎时，按设计图纸要求间距，在模板侧帮画箍筋位置线。放箍筋后穿受力钢筋。箍筋搭接处应沿受力钢筋互相错开。

(3) 圈梁与构造柱钢筋交叉处，圈梁钢筋宜放在构造柱受力钢筋内侧。圈梁钢筋在构造柱部位搭接时，其搭接倍数或锚入柱内长度要符合设计要求。

(4) 圈梁钢筋的搭接长度要符合《混凝土结构工程施工及验收规范》GB 50204—92 对钢筋搭接的有关要求。

(5) 圈梁钢筋应互相交圈，在内墙交接处、墙大角转角处的锚固长度，均要符合设计要求。

(6) 楼梯间、附墙烟囱、垃圾道及洞口等部位的圈梁钢筋被切断时，应搭接补强，构造方法应符合设计要求，标高不同的高低圈梁钢筋，应按设计要求搭接或连接。

(7) 安装在山墙圈梁上的预应力圆孔板，其外露的预应力筋（即胡子筋）按标准图集京 96 G44 要锚入在圈梁钢筋内。

(8) 圈架钢筋绑完后，应加水泥砂浆垫块，以控制受力钢筋的保护层。

3. 板缝钢筋绑扎

(1) 工艺流程：

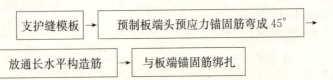

(2) 支完板缝模板作完预检，将预制圆孔板外露预应力筋（即胡子筋）弯成弧形，两块板的预应力外露筋互相交叉，然后绑通长 $\phi 6$ 水平构造筋和竖向拉结筋。

(3) 长向板在中间支座上钢筋连接构造。

(4) 墙两边高低不同时的钢筋构造。

(5) 预制板纵向缝钢筋绑扎。

(6) 构造柱、圈梁、板缝钢筋绑完之后，均要求做隐蔽工程检查，合格后方可进行下道工序。

6.2.3 剪力墙结构大模板墙体钢筋绑扎

1. 剪力墙钢筋现场绑扎

(1) 工艺流程：

(2) 将墙身处预留钢筋调直理顺，并将表面砂浆等杂物清理干净（图 6-12）。先立 2～4 根竖筋，并画好横筋分档标志，然后于下部及齐胸处绑两根横筋固定好位置，并在横筋上画好分档标志，然后绑其余竖筋，最后绑其余横筋。

(3) 双排钢筋之间应绑拉筋，拉筋直径不小于 $\phi 6$，间距不大于 600mm，剪力墙底部加强部位的拉筋宜适当加密（图 6-13）。为保持两排钢筋的相对距离，宜采用绑扎定位用的梯形支撑筋，间距 1000～1200mm。

2. 剪力墙采用预制网片的绑扎

图 6-12 预留钢筋的处理

图 6-13 双排钢筋的绑扎

(1) 工艺流程

修理预留搭接筋 → 临时固定网片 → 绑扎根部钢筋 →

绑门窗洞加筋 → 绑拉筋或支撑筋

（2）将墙身处预留钢筋调直理顺，并将表面杂物清理干净。按图纸要求将网片就位，网片立起后用木方临时固定支牢。然后逐根绑扎根部搭接钢筋，在搭接部分的中心和两端共绑3个扣。同时将门窗洞口处加固筋也绑扎，要求位置准确。如门窗洞口处预留筋有位移时，应做成灯插弯（1∶6）理顺，使门窗洞口处的加筋位置符合设计图纸的要求。

（3）墙内竖向分布钢筋，当为一级抗震的剪力墙，所有部位和二级抗震剪力墙的加强部位，钢筋接头位置应错开，每次连接的钢筋数量不超过50%。其他剪力墙的钢筋可在同一部位搭接。搭接长度应符合设计要求，如设计无要求时，应满足表6-1的规定。

受拉钢筋绑扎接头的搭接长度　　　　表6-1

序号	钢筋类别	混凝土强度等级		
		C20	C25	C30
1	Ⅰ级钢筋	$35d$ ($30d$)	$35d$ ($30d$)	$35d$ ($30d$)
2	Ⅱ级钢筋（月牙形）	$45d$	$40d$	$35d$
3	Ⅲ级钢筋（月牙形）	$55d$	$50d$	$45d$

注：1. 当Ⅰ、Ⅱ级钢筋 $d>25mm$ 时，其搭接长度按表中数增加 $5d$ 采用。

2. 当螺纹钢筋直径≤25mm时，其受拉钢筋搭接长度按表中数值减少 $5d$ 采用。

3. 括号内数字为焊接网片的搭接长度。

4. 任何情况下搭接长度均不小于300mm。绑扎接头的位置应相互错开。从任一绑扎接头中心到搭接长度的1.3倍区段范围内，有绑扎接头的受力钢筋截面积占受力钢筋总截面面积百分率：受拉区不得超过25%；受压区不得超过50%。当采用焊接接头时，从任一焊接接头中心至长度为钢筋直径35倍且不小于500mm的区段内，有接头钢筋面积占钢筋总面积百分率：受拉区不宜超过50%；受压区不限制。

3. 剪刀墙钢筋的锚固

（1）剪力墙的水平钢筋在端部锚固应按设计要求施工。

（2）剪力墙的水平钢筋在"丁"字节点及转角节点的绑扎锚固（图 6-14）。

图 6-14 剪力墙水平钢筋在"丁"字节点及转角节点的绑扎（一）

(c)

图6-14 剪力墙水平钢筋在"丁"字节点及转角节点的绑扎(二)

(3) 剪力墙的连梁上下水平钢筋伸入墙内长度不能小于设计要求。

(4) 剪力墙的连梁沿梁全长的箍筋构造要符合设计要求,在建筑物的顶层连梁伸入墙体的钢筋长度范围内,应设置间距不小于150mm的构造箍筋。

(5) 剪力墙洞口周围应绑扎补强钢筋,其锚固长度应符合设计要求。

4. 剪力墙钢筋与预制外墙板连接:外墙板安装就位后,将本层剪力墙边柱竖筋插入预制外墙板侧面钢筋套环内,竖筋插入外墙板套环内不得少于3个,并绑扎牢固。

5. 剪力墙钢筋与外砖墙连接:绑内墙钢筋时,先将外墙预留的ϕ6拉结筋理顺,然后再与内墙钢筋搭接绑牢。

6. 全现浇内外墙钢筋连接绑扎构造。

7. 修整：大模板合模之后，对伸出的墙体钢筋进行修整，并绑一道临时水平横筋固定伸出筋的间距（甩筋的间距）。墙体浇混凝土时派专人看管钢筋，浇筑完后，立即对伸出的钢筋（甩筋）进行整理。

6.2.4 现浇框架结构钢筋绑扎

1. 绑柱子钢筋

（1）工艺流程：

（2）套柱箍筋：按图纸要求间距，计算好每根柱箍筋数量，先将箍筋套在下层伸出的搭接筋上，然后立柱子钢筋，在搭接长度内，绑扣不少于3个，绑扣要向柱中心。如果柱子主筋采用光圆钢筋搭接时，角部弯钩应与模板成45°，中间钢筋的弯钩应与模板成90°角。

搭接绑扎竖向受力筋：柱子主筋立起之后，绑扎接头的搭接长度应符合设计要求，如设计无要求时，应按表6-1采用。

（3）画箍筋间距线：在立好的柱子竖向钢筋上，按图纸要求用粉笔画箍筋间距线。

（4）柱箍筋绑扎

1）按已画好的箍筋位置线，将已套好的箍筋往上移动，由上往下绑扎，宜采用缠扣绑扎。

2）箍筋与主筋要垂直，箍筋转角处与主筋交点均要绑扎，主筋与箍筋非转角部分的相交点成梅花交错绑扎。

3）箍筋的弯钩叠合处应沿柱子竖筋交错布置，并绑扎牢固。

4) 有抗震要求的地区，柱箍筋端头应弯成 135°，平直部分长度不小于 10d（d 为箍筋直径）。如箍筋采用 90°搭接，搭接处应焊接，焊缝长度单面焊缝不小于 5d。

5) 柱上下两端箍筋应加密，加密区长度及加密区内箍筋间距应符合设计图纸要求。如设计要求箍筋设拉筋时，拉筋应钩住箍筋。

6) 柱筋保护层厚度应符合规范要求，主筋外皮为 25mm，垫块应绑在柱竖筋外皮上，间距一般 1000mm，（或用塑料卡卡在外竖筋上）以保证主筋保护层厚度准确。当柱截面尺寸有变化时，柱应在板内弯折，弯后的尺寸要符合设计要求。

2. 绑剪力墙钢筋

(1) 工艺流程：

(2) 立 2~4 根竖筋：将竖筋与下层伸出的搭接筋绑扎，在竖筋上画好水平筋分档标志，在下部及齐胸处绑两根横筋定位，并在横筋上画好竖筋分档标志，接着绑其余竖筋，最后再绑其余横筋。横筋在竖筋里面或外面应符合设计要求。

(3) 竖筋与伸出搭接筋的搭接处需绑 3 根水平筋，其搭接长度及位置均应符合设计要求，设计无要求时，按表 6-1 施工。

(4) 剪力墙筋应逐点绑扎，双排钢筋之间应绑拉筋或支撑筋，其纵横间距不大于 600mm，钢筋外皮绑扎垫块或用塑料卡。

(5) 剪刀墙与框架柱连接处，剪力墙的水平横筋应锚固到框架柱内，其锚固长度要符合设计要求。如先浇筑柱混凝土后绑剪刀墙筋时，柱内要预留连接筋或柱内预埋铁件，待柱拆模绑墙筋时作为连接用。其预留长度应符合设计或规范的规定。

（6）剪力墙水平筋在两端头、转角、十字节点、联梁等部位的锚固长度以及洞口周围加固筋等，均应符合设计抗震要求。

（7）合模后对伸出的竖向钢筋应进行修整，宜在搭接处绑一道横筋定位，浇筑混凝土时应有专人看管，浇筑后再次调整以保证钢筋位置的准确。

3. 梁钢筋绑扎：

（1）工艺流程：

1）模内绑扎：

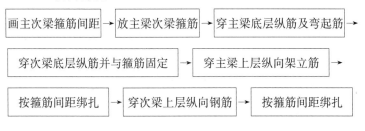

2）模外绑扎（先在梁模板上口绑扎成型后再入模内）：

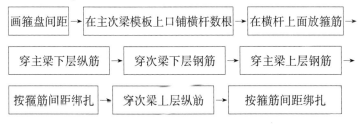

（2）在梁侧模板上画出箍筋间距，摆放箍筋。

（3）先穿主梁的下部纵向受力钢筋及弯起钢筋，将箍筋按已画好的间距逐个分开；穿次梁的下部纵向受力钢筋及弯起钢筋，并套好箍筋；放主次梁的架立筋；隔一定间距将架立筋与箍筋绑扎牢固；调整箍筋间距使间距符合设计要求，绑架立筋，再绑主筋，主次梁同时配合进行。

（4）框架梁上部纵向钢筋应贯穿中间节点，梁下部纵向钢筋伸入中间节点锚固长度及伸过中心线的长度要符合设计要求。框架梁纵向钢筋在端节点内的锚固长度也要符合设计要求。

（5）绑梁上部纵向筋的箍筋，宜用套扣法绑扎。

（6）箍筋在叠合处的弯钩，在梁中应交错绑扎，箍筋弯钩为135°，平直部分长度为10d，如做成封闭箍时，单面焊缝长度为5d。

（7）梁端第一个箍筋应设置在距离柱节点边缘50mm处。梁端与柱交接处箍筋应加密，其间距与加密区长度均要符合设计要求。

（8）在主、次梁受力筋下均应垫垫块（或塑料卡），保证保护层的厚度。受力筋为双排时，可用短钢筋垫在两层钢筋之间，钢筋排距应符合设计要求。

（9）梁筋的搭接：梁的受力钢筋直径等于或大于22mm时，宜采用焊接接头，小于22mm时，可采用绑扎接头，搭接长度要符合规范的规定。搭接长度末端与钢筋弯折处的距离，不得小于钢筋直径的10倍。接头不宜位于构件最大弯矩处，受拉区域内Ⅰ级钢筋绑扎接头的末端应做弯钩（Ⅱ级钢筋可不做弯钩），搭接处应在中心和两端扎牢。接头位置应相互错开，当采用绑扎搭接接头时，在规定搭接长度的任一区段内有接头的受力钢筋截面面积占受力钢筋总截面面积百分率，受拉区不大于50%。

4. 板钢筋绑扎

(1) 工艺流程：

(2) 清理模板上面的杂物，用粉笔在模板上画好主筋、分布筋间距。

(3) 按画好的间距，先摆放受力主筋、后放分布筋。预埋件、电线管、预留孔等及时配合安装。

(4) 在现浇板中有板带梁时，应先绑板带梁钢筋，再摆放板钢筋。

(5) 绑扎板筋时一般用顺扣或八字扣，除外围两根筋的相交点应全部绑扎外，其余各点可交错绑扎（双向板相交点须全部绑扎）。如板为双层钢筋，两层筋之间须加钢筋马凳，以确保上部钢筋的位置。负弯矩钢筋每个相交点均要绑扎。

(6) 在钢筋的下面垫好砂浆垫块，间距1.5m。垫块的厚度等于保护层厚度，应满足设计要求，如设计无要求时，板的保护层厚度应为15mm，钢筋搭接长度与搭接位置的要求与前面所述梁相同。

5. 楼梯钢筋绑扎：

(1) 工艺流程：

(2) 在楼梯底板上画主筋和分布筋的位置线。

(3) 根据设计图纸中主筋、分布筋的方向，先绑扎主筋后绑扎分布筋，每个交点均应绑扎。如有楼梯梁时，先绑梁后绑板筋。板筋要锚固到梁内。

（4）底板筋绑完，待踏步模板吊绑支好后，再绑扎踏步钢筋。主筋接头数量和位置均要符合施工规范的规定。

6.3 钢筋加工与安装的质量要求与安全生产技术要求

6.3.1 保证项目

1. 钢筋的品种和质量、焊条、焊剂的牌号、性能及使用的钢板，必须符合设计要求和有关标准的规定。进口钢筋焊接前，必须进行化学成分检验和焊接试验，符合有关规定后方可焊接。

2. 钢筋表面必须清洁，带有颗粒状或片状老锈，经除锈后仍有麻点的钢筋，严禁按原规格使用。

3. 钢筋的规格、形状、尺寸、数量、间距、锚固长度、接头设置，必须符合设计要求和施工规范的规定。

4. 焊接接头机械性能，必须符合钢筋焊接规范的专门规定。

6.3.2 基本项目

1. 绑扎钢筋的缺扣、松扣数量不得超过绑扣数的10%，且不应集中。

2. 弯钩的朝向应正确，绑扎接头应符合施工规范的规定，搭接长度不小于规定值。

3. 用Ⅰ级钢筋制作的箍筋，其数量应符合设计要求，弯钩角度和平直长度应符合施工规范的规定。

4. 对焊接头无横向裂纹和烧伤，焊包均匀。接头处弯折不得大于4°,接头处钢筋轴线的偏移不得大于0.1d,且不大于2mm。

5.电弧焊接头焊缝表面平整,无凹陷、焊瘤,接头处无裂纹、气孔、灰渣及咬边。接头尺寸允许偏差不得超过以下规定:

(1)绑条沿接头中心的纵向位移不大于0.5d,接头处弯折不大于4°。

(2)接头处钢筋轴线的偏移不大于0.1d,且不大于3mm。

(3)焊缝厚度不小于0.05d。

(4)焊缝宽度不小于0.1d。

(5)焊缝长度不小于0.5d。

(6)接头处弯折不大于4°。

6.3.3 允许偏差项目(表6-2)

钢筋安装及预埋件位置的允许偏差值　　　表6-2

项次	项	目	允许偏差(mm)	检 验 方 法
1		焊接	±10	
		绑扎	±20	
2	骨架宽、高度		±5	
3	骨架长度		±10	
4		焊接	±10	
		绑扎	±20	
5		间距	±10	尺量两端、中间各一点,取其最大值
		排距	±5	各一点取其最大值

续表

项次	项 目		允许偏差（mm）	检 验 方 法
6	钢筋弯起点位移		20	
7		中心线位移	5	
		水平高差	+3 −0	
8	受力钢筋保护层	基础	±10	尺量检查
		梁、柱	±5	
		墙、板	±3	

6.3.4 成品保护

1. 成型钢筋应按指定地点堆放，用垫木垫放整齐，防止钢筋变形、锈蚀、油污。
2. 绑扎墙筋时应搭临时架子，不准蹬踩钢筋。
3. 妥善保护基础四周外露的防水层，以免被钢筋碰破。
4. 底板上、下层钢筋绑扎时，支撑马凳要绑牢固，防止操作时踩变形。
5. 严禁随意割断钢筋。

6.3.5 应注意的质量问题

1. 墙、柱预埋钢筋位移：墙、柱主筋的插筋与底板上、下筋要固定绑扎牢固，确保位置准确。必要时可附加钢筋电焊焊牢。混凝土浇筑前应有专人检查修整。
2. 露筋：墙、柱钢筋每隔1m左右加绑带铁丝的水泥砂浆垫块（或塑料卡）。
3. 搭接长度不够：绑扎时应对每个接头进行尺量，检查搭接长度是否符合设计和规范要求。

4. 钢筋接头位置错误：梁、柱、墙钢筋接头较多时，翻样配料加工时，应根据图纸预先画出施工翻样图，注明各号钢筋搭配顺序，并避开受力钢筋的最大弯矩处。

5. 绑扎接头与对焊接头未错开：经对焊加工的钢筋，在现场进行绑扎时，对焊接头要错开搭接位置。因此加工下料时，凡距钢筋端头搭接长度范围以内不得有对焊接头。

6.3.6 质量记录

1. 钢筋出厂质量证明书或检验报告单。
2. 钢筋力学性能复试报告。
3. 进口钢筋应有化学成分检验报告和可焊性试验报告。国产钢筋在加工过程中发生脆断、焊接性能不良和力学性能显著不正常时，应有化学成分检验报告。
4. 钢筋焊接头试验报告。
5. 焊条、焊剂出厂合格证。
6. 钢筋分项工程质量检验评定资料。
7. 钢筋分项隐蔽工程验收记录。

第7章 钢筋工程检查与管理

7.1 质量验收

1. 钢筋进场必须具有出场合格证明,并应及时对钢筋进行复验,不合格的钢材严禁用于工程。

2. 钢筋表面应清洁。表面存在油渍、漆污的钢筋,及用锤敲击时剥落现象严重并已损伤钢筋截面的,或在除锈后钢筋表面有麻坑、斑点伤蚀表面时,应降级使用或剔除不用。

3. 钢筋加工的尺寸、规格、数量必须满足设计要求,其偏差应符合表7-1的规定:

钢筋加工的允许偏差　　　　表7-1

项　　　目	允许偏差（mm）
受力钢筋顺长度方向全长的净尺寸	±10
弯起钢筋的弯折位置	±20
箍筋内净尺寸	±5

4. 钢筋焊接应由专业培训合格的熟练工人持证上岗操作,且必须严格按规范要求进行操作。焊接接头应经试验合格后方可大规模施焊。

5. 钢筋接头的位置设置应符合施工规范要求,宜设置在受力较小处。

6. 钢筋代换必须经设计人员同意，不得私自代换。

7. 利用砂浆垫块等形式控制钢筋保护层厚度。

8. 钢筋接头位置和搭接长度必须符合设计要求和施工规范的有关规定。

7.2 现场管理

7.2.1 设备及材料管理

1. 定期对设备进行维护保养，确保设备不"带病工作"。

2. 严格按照机械设备安全使用的规章制度操作，避免发生事故。

3. 材料进场时，按品种、规格、炉号分批进行外观检查。

4. 材料进场后，应立即按规定取样送实验室检验。

5. 经检查、检验不合格的钢筋，坚决不得投入使用。

6. 钢筋应垫高堆放，上部搭设棚子遮雨、蔽光。

7.2.2 成品保护管理

1. 现场成立成品保护小组，制定合理有效的成品保护制度。

2. 遇到钢筋施工与其他工种施工交叉打架现象时，不得擅自拆改，须应经有关部门协调后再行解决。

3. 钢筋绑扎完，派专人看护，个人不得任意踩踏，施工人员不得破坏成品。

4. 在平台板上铺设必要的施工架板，供施工人员行走。

5. 对成活的钢筋构件要做好防雨措施。

6. 成活的钢筋构件吊装时适当对钢筋龙骨进行加固处理，并采用两点吊装。

7.2.3 安全管理

1. 钢材、半成品等应按规格、品种分别堆放整齐，加工制作现场要平整，工作台稳固，照明灯具必须加网罩。

2. 拉直钢筋、卡头要卡牢，拉筋线 2m 区域内禁止行人来往，人工拉直，不准用胸、肚接触推扛，并缓慢松解，不得一次松开。

3. 展开盘圆钢筋要一次卡牢，防止回弹，切割时先用脚踩紧。

4. 多人合作运钢筋，运作要一致，人工上下传送不得在同一垂直线上，钢筋堆放要分散、牢稳，防止倾倒或塌落。

5. 绑扎立柱、墙体钢筋，不得站在钢筋骨架上或攀登骨架上下。

6. 所需各种钢筋机械，必须制定安全技术操作规程，并认真遵守，钢筋机械的安全防护设施必须安全可靠。

7.3 文明施工与环境保护常识

1. 现场钢筋堆放地点、加工场所、工人宿舍等位置要按照现场平面图布置。

2. 现场材料按规格、分类、使用部位分别堆放，并设立标示牌。

3. 施工操作地点要保持整洁,做到工完料净。

4. 上道工序要为下道工序施工创造条件,及时做好预留、预埋工作。

5. 各种责任制、规章制度悬挂于醒目的位置上,施工人员佩戴胸卡。

参 考 书 目

1. 汤振华 主编. 钢筋工. 北京：中国环境科学出版社，2003
2. 建设部人事教育司，编写. 钢筋工. 中国：中国建筑工业出版社，2003 年
3. 陕西省建筑科学研究设计院 编著.《钢筋焊接及验收规程》JGJ 18—2003. 中国建筑工业出版社，2003
4. 韦仕忠，主编. 钢筋工基本技能. 北京：中国劳动和社会保障出版社，2005
5. 中华人民共和国建设部 编著. 钢筋工(技师)职业技能标准、职业技能岗位鉴定规范. 北京：中国建筑工业出版社，2005
6. 任世贤 主编. 钢筋工(初级). 北京：机械工业出版社，2006
7. 李永生 主编. 钢筋工. 北京：机械工业出版社，2007
8.《混凝土结构施工图平面整体表示方法制图规则和构造详图》03G101-1
9.《混凝土结构工程施工质量验收规范》GB 50204—2002
10.《建筑制图标准》GB/T 50104—2001

尊敬的读者：

感谢您选购我社图书！建工版图书按图书销售分类在卖场上架，共设22个一级分类及43个二级分类，根据图书销售分类选购建筑类图书会节省您的大量时间。现将建工版图书销售分类及与我社联系方式介绍给您，欢迎随时与我们联系。

★建工版图书销售分类表（见下表）。

★欢迎登陆中国建筑工业出版社网站www.cabp.com.cn，本网站为您提供建工版图书信息查询，网上留言、购书服务，并邀请您加入网上读者俱乐部。

★中国建筑工业出版社总编室
 电 话：010—58934845
 传 真：010—68321361

★中国建筑工业出版社发行部
 电 话：010 58933865
 传 真：010—68325420
 E-mail：hbw@cabp.com.cn

建工版图书销售分类表

一级分类名称（代码）	二级分类名称（代码）	一级分类名称（代码）	二级分类名称（代码）
建筑学（A）	建筑历史与理论（A10）	园林景观（G）	园林史与园林景观理论（G10）
	建筑设计（A20）		园林景观规划与设计（G20）
	建筑技术（A30）		环境艺术设计（G30）
	建筑表现·建筑制图（A40）		园林景观施工（G40）
	建筑艺术（A50）		园林植物与应用（G50）
建筑设备·建筑材料（F）	暖通空调（F10）	城乡建设·市政工程·环境工程（B）	城镇与乡（村）建设（B10）
	建筑给水排水（F20）		道路桥梁工程（B20）
	建筑电气与建筑智能化技术（F30）		市政给水排水工程（B30）
	建筑节能·建筑防火（F40）		市政供热、供燃气工程（B40）
	建筑材料（F50）		环境工程（B50）
城市规划·城市设计（P）	城市史与城市规划理论（P10）	建筑结构与岩土工程（S）	建筑结构（S10）
	城市规划与城市设计（P20）		岩土工程（S20）
室内设计·装饰装修（D）	室内设计与表现（D10）	建筑施工·设备安装技术（C）	施工技术（C10）
	家具与装饰（D20）		设备安装技术（C20）
	装修材料与施工（D30）		工程质量与安全（C30）
建筑工程经济与管理（M）	施工管理（M10）	房地产开发管理（E）	房地产开发与经营（E10）
	工程管理（M20）		物业管理（E20）
	工程监理（M30）	辞典·连续出版物（Z）	辞典（Z10）
	工程经济与造价（M40）		连续出版物（Z20）
艺术·设计（K）	艺术（K10）	旅游·其他（Q）	旅游（Q10）
	工业设计（K20）		其他（Q20）
	平面设计（K30）	土木建筑计算机应用系列（J）	
执业资格考试用书（R）		法律法规与标准规范单行本（T）	
高校教材（V）		法律法规与标准规范汇编/大全（U）	
高职高专教材（X）		培训教材（Y）	
中职中专教材（W）		电子出版物（H）	

注：建工版图书销售分类已标注于图书封底。